U0106211

我問你答

幼兒

十萬個為什麼

衣食住行篇

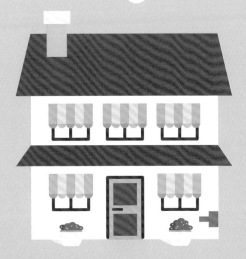

新雅文化事業有限公司

www.sunya.com.hk

使用說明

《我問你答幼兒十萬個為什麼》系列

分為**人體健康篇**、**自然常識篇**、**生活科學篇**和**衣食住行篇**四冊，讓爸媽帶領孩子走進各種知識的領域。爸媽在跟孩子一起閱讀這套書時，可以一問一答的形式，啟發孩子思考，提升他們的智慧！

① 先閱讀問題

② 再看看有什麼答案選項

③ 最後選擇答案

④ 翻到下一頁，便能知道答案

⑤ 還有「你知道嗎？」環節，告訴孩子更多延伸知識

新雅‧點讀樂園 升級功能

本系列屬「新雅點讀樂園」產品之一，備有點讀功能，孩子如使用新雅點讀筆，也可以自己隨時隨地邊聽、邊玩、邊吸收知識！

「新雅點讀樂園」產品包括語文學習類、親子故事和知識類等圖書，種類豐富，旨在透過聲音和互動功能帶動孩子學習，提升他們的學習動機與趣味！

家長如欲另購新雅點讀筆，或想了解更多新雅的點讀產品，請瀏覽新雅網頁 (www.sunya.com.hk) 或掃描右邊的QR code進入 新雅‧點讀樂園 。

使用新雅點讀筆，有聲問答更有趣！

啟動點讀筆後，請點選封面 新雅‧點讀樂園，然後點選書本上的問題、答案、解說等文字，點讀筆便會播放相應的內容。如想切換播放的語言，請點選各問題首頁右上角的 粵 普 圖示。當再次點選內頁時，點讀筆便會使用所選的語言播放點選的內容。

使用點讀筆點選 Ⓐ、Ⓑ 或 Ⓒ，便會播放相應的反應，你便知道是否答對了！

如何下載本系列的點讀筆檔案

1 瀏覽新雅網頁(www.sunya.com.hk) 或掃描右邊的QR code 進入 新雅‧點讀樂園 。

2 點選 下載點讀筆檔案 ▶ 。

3 依照下載區的步驟說明，點選及下載《我問你答幼兒十萬個為什麼》的點讀筆檔案至電腦，並複製至新雅點讀筆裏的「BOOKS」資料夾內。

小朋友，準備好**接受挑戰**了嗎？快來試試解答這些問題吧！

挑戰一：衣服篇

挑戰二：食物篇

挑戰三：交通篇

衣服篇

衣服篇

為什麼有些衣服洗後會縮小？

A

洗衣粉把衣服變小了。

B

因為我的身體長胖了，所以覺得衣服變小。

C

衣服裏的纖維沾水後會縮小。

選一選，哪個小朋友答得對？

(A) (B) (C)

答案C

　　有些衣服使用棉、麻、羊毛等天然物料製成，在生產過程中，衣物纖維會不斷被機器拉扯、變形，衣服會變得稍大。當清洗時，衣服吸收水分，纖維慢慢恢復原本的大小，於是出現衣服洗後縮小的情況。

你知道嗎？

羊毛衣物特別容易縮小，因為羊毛上有毛鱗，在洗衣時容易捲縮或糾結在一起，只要以手洗的方式洗羊毛製成的衣物，便能減輕縮小的情況。

衣服篇

粵 粵語

普 普通話

為什麼洗衣機能把衣服洗乾淨？

A

洗衣機會把衣服上的髒東西真空抽走。

B

洗衣機裏有小精靈幫忙洗衣服。

C

洗衣機的運作就像我們用手洗衣服。

選一選，哪個小朋友答得對？

11

答案C

　　洗衣機的運作，模仿了人在手洗衣服時會做的捽打、搓揉等動作，而且它會通過水流來沖擦和浸泡衣服，加上洗衣粉的消除污漬功能，這樣就能把衣服洗乾淨了。

你知道嗎？

　　使用洗衣機後，要讓洗衣機門打開，待內部乾後才關上，這樣細菌才不容易生長，洗衣機便不會發出霉臭味。

衣服篇

為什麼冬天穿衣、脫衣時容易有觸電感？

A
因為天氣乾燥時，衣物摩擦會產生靜電。

B
因為冬天穿的毛衣會自己發電保暖。

C
因為天氣太冷，皮膚感知出現觸電的錯覺。

選一選，哪個小朋友答得對？ Ⓐ Ⓑ Ⓒ

答案 A

　　人體和物件都帶有「正電」和「負電」兩種電，當它們的數量不平衡，就會產生「靜電」。冬天天氣乾燥，沒有水氣可以把靜電帶走，因此靜電會一直存在體內，當衣物受到摩擦，就會有細微的電流流動，從而產生聲響和刺痛的觸電感。

你知道嗎？

　　提升空氣和物件的濕度，是消除靜電的好方法，我們可以在家中使用加濕器，或在衣服上噴些水霧。

衣服篇

為什麼去郊外時最好穿淺色長袖衣服？

A 淺色的衣服與郊外景物的顏色相似，有保護色的作用。

B 防止被蚊子咬到。

C 穿長袖衣服，便不怕弄髒皮膚。

選一選，哪個小朋友答得對？

郊外的蚊子比較多，淺色衣服比深色衣服較不會吸引蚊子，在蚊子靠近時也容易發現。另外，穿寬鬆的長袖衣服也能防止皮膚被太陽曬傷。

你知道嗎？

研究發現，蚊子喜歡紅色、橙色、藍綠色和黑色，穿這些顏色的衣服可能較容易吸引蚊子靠近。

衣服篇

為什麼我們要穿內褲？

A

因為穿內褲有保護身體的作用。

B

因為法律規定我們一定要穿上。

C

因為重要部位容易着涼。

選一選，哪個小朋友答得對？

答案 A

　　我們的隱私處比較敏感，穿內褲有保護作用，不讓它直接受到外褲的摩擦，能減低感染病菌的機會。

你知道嗎？

　　單車運動員穿着單車褲時，很多時候都不會穿內褲呢。這是因為單車褲必須緊貼皮膚，才能吸收汗水，讓衣服快速吹乾，而且單車褲的設計通常包括一個內襯，可提供額外的支撐和減少摩擦。

衣服篇

為什麼動物不用穿衣服來保暖？

A

因為所有動物都不怕冷。

B

動物有自己保暖的方法。

C

動物覺得穿了衣服後不方便野外活動。

選一選，哪個小朋友答得對？

 Ⓐ Ⓑ Ⓒ

　　不同的動物都有自己的本領來保暖，例如有些動物有厚厚的毛皮，能夠抵抗寒冷。另外，動物會選擇氣候合適的地方居住，所以牠們不用穿衣服來保暖。

你知道嗎？

　　冬天天氣寒冷，食物減少，有些動物會選擇冬眠來度過冬天，例如青蛙、烏龜、蝙蝠等。

衣服篇

為什麼穿羽絨衣會特別暖和？

A

因為羽絨衣很厚。

B

羽絨衣裏的羽毛互相摩擦，散發熱力。

C

羽絨衣能困住衣服內的暖空氣。

選一選，哪個小朋友答得對？  Ⓐ Ⓑ Ⓒ

羽絨衣內充滿了羽毛和絨毛，它們很柔軟、蓬鬆，能困住衣服內的暖空氣，防止身體的熱量散失，所以我們穿上羽絨衣會感到很暖和。

你知道嗎？

羽絨衣通常以鵝或鴨的羽毛製成，鵝絨較大和蓬鬆，所以用較少量的鵝絨，已經能製成一件十分保暖的羽絨衣了。

衣服篇

為什麼熨斗能把衣服上的皺褶消除？

A

熨斗很重，能把皺褶壓平。

B

熨斗的蒸氣和熱力把皺褶熨平。

C

來回滑動熨斗，就能燙平皺褶。

選一選，哪個小朋友答得對？

Ⓐ Ⓑ Ⓒ

答案 B

　　熨衣服的時候，我們需要把水加到熨斗裏，水變熱後會化作水蒸氣，水蒸氣中的水分能將衣服的纖維變得柔軟，而熨斗的熱力隨後會使水分蒸發，纖維也被壓直，這樣皺褶就消失了。

你知道嗎？

　　如果我們沒有時間熨衣服，可以在洗澡的時候把衣服掛在浴室裏，利用熱水所產生的蒸氣，也能減少衣服的皺褶呢。

衣服篇

為什麼白色衣服穿久了會變黃？

A

沾染了黃色衣服的顏料。

B

衣服上的汗水和油脂沒有洗乾淨。

C

洗衣粉是黃色的。

選一選，哪個小朋友答得對？

 A  B C

答案 B

　　衣服緊貼着身體，身上的汗水和油脂會沾染在衣服上，如果衣服清洗得不夠乾淨，當它們與空氣接觸，就會產生化學作用，逐漸變黃，這在白色衣服上會更明顯。

你知道嗎？

　　檸檬和梳打粉是天然的漂白劑，將它們加進清水中，用來浸泡衣服，可以減慢白色衣服變黃的速度。

衣服篇

為什麼新衣服要先洗一遍才可以穿？

A 讓新衣服更漂亮。

B 讓新衣服變得香噴噴。

C 要洗掉新衣服上的化學物。

選一選，哪個小朋友答得對？

答案C

　　在衣服製造的過程中，會添加不少化學物。如果直接穿上新衣服，這些化學物可能會黏在皮膚上，讓人感到痕癢，甚至引起皮膚病。所以在穿新衣服前，我們需要先把它們洗乾淨。

你知道嗎？

　　如果發現新衣服會掉色，我們可以把它們放在鹽水中浸泡，這樣有助減少掉色。

衣服篇

為什麼衣服裏都有一個標籤？

MACHINE WASH COLD

DO NOT BLEACH

IRON LOW HEAT

DRY CLEAN ANY SOLVENT EXCEPT TRICHLOROETHYLENE

DRY FLAT

A 提示護理衣服的方法。

B 告訴我們怎樣配搭衣服。

C 解釋衣服是怎樣製造的。

選一選，哪個小朋友答得對？ A B C

答案 A

　　不同的衣服會用不同的物料製成，所以護理衣物的方法都不一樣。衣服裏的標籤告訴我們應該如何清洗、烘乾和燙平衣服。使用合適的方法，才不會破壞衣服。

你知道嗎？

　　如果有些衣服不可水洗，我們可以把衣服拿到洗衣店乾洗，利用有機化學溶劑來清潔衣服。

為什麼游泳時要穿泳衣？

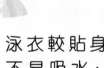

A 泳衣較貼身和不易吸水，方便我們游泳。

B 泳衣很漂亮。

C 穿泳衣較涼快。

選一選，哪個小朋友答得對？

答案 A

　　一般衣服在浸濕後會變得很重，不適合在游泳時穿着。而用來製作泳衣的物料富有彈性，能貼合身體，方便我們在水中活動。

你知道嗎？

　　去游泳池游泳時，記得要戴上泳帽。這是因為游泳池的水經過消毒，水中含有會傷害頭髮的氯。而且，泳帽也防止掉落的頭髮散開，堵塞游泳池的循環過濾系統。

衣服篇

為什麼太空人的衣服是白色的？

A
白色的衣服比較輕，方便太空人工作。

B
太空人都喜歡白色。

C
白色能反射太陽輻射。

選一選，哪個小朋友答得對？　

答案C

地球的大氣層阻擋了很多對我們有害的太陽輻射，但太空人前往太空後，就失去了保護。因為白色是最能反射太陽輻射的顏色，所以太空衣是白色的，這也讓太空人在黑暗的太空中較容易被看見。

你知道嗎？

一件太空衣大約重127公斤，相當於12包大米。因為太空裏沒有空氣，感受不到重量，所以太空人在太空中仍能夠輕鬆地活動。

衣服篇

為什麼消防員的衣服不怕火燒？

A

消防員的衣服用特別的物料製成。

B

消防員懂得使用冰凍的魔法。

C

消防員曾把衣服放進冰箱冷藏。

選一選，哪個小朋友答得對？

答案 A

　　消防衣使用三層特別的纖維製成，最外層防火和抵抗高溫，中間層防水，最內層阻隔熱力，因此能夠抵擋極高的溫度。消防員穿着這樣的衣服，才能進入火場滅火，不會被火灼傷。

你知道嗎？

　　香港消防員的消防衣是金黃色的，因此被稱為「黃金戰衣」，它能夠抵擋攝氏 1,093 ℃ 的高溫長達 8 秒。

衣服篇

為什麼廚師要戴高帽子？

A
廚師想看起來高一點。

B
戴上帽子做菜比較乾淨衛生。

C
廚師很貪吃，會把食物藏在帽子裏。

選一選，哪個小朋友答得對？

答案 B

　廚師戴上帽子，做菜時就可以避免頭髮掉進菜裏，而且廚房很熱，高帽子中具有較大空間，容易散熱。

你知道嗎？

　我們可以從帽子的高度看出廚師的級別，越高級的廚師，帽子就越高呢。

衣服篇

為什麼交通警員的衣服會反光？

A 反光的衣服較帥氣。

B 反光的衣服較便宜。

C 容易讓司機看到交通警員。

 選一選，哪個小朋友答得對？

39

答案 C

　　交通警員經常要在馬路上執行職務，在天黑或光線不足的時候，制服上的反光設計能讓司機容易看到交通警員，並跟隨他們的指示。

你知道嗎？

　　很多從事救急服務的人，他們的制服上也有反光設計，例如消防員和救護員等。

食物篇

為什麼喝汽水後會打嗝？

A 因為喝汽水後會感到很飽。

B 因為汽水很冰涼，會刺激胃部。

C 因為汽水裏有很多氣體，要把它排出。

選一選，哪個小朋友答得對？

答案 C

汽水裏加入了一種叫「二氧化碳」的氣體，當我們喝汽水時，這種氣體也會進入胃部，但它不會留在我們的身體裏，而會經由上消化道自然排出體外，這時我們就會嗝氣了。

你知道嗎？

搖晃汽水瓶時，瓶內會產生氣泡，它們與汽水中的二氧化碳結合，聚集在瓶口，當瓶蓋打開的時候，氣泡受到的壓力立刻減少，汽水便會馬上噴出來。

為什麼要先把水果洗乾淨才能吃？

A 清洗後的水果會更美味。

B 清洗水果上沾到的農藥。

C 清洗後的水果會變大。

選一選，哪個小朋友答得對？

　　在種植的時候，農夫為了讓水果生長得更好，會噴灑農藥驅蟲。雖然眼睛看不見這些化學物質，但它們可能沾在水果表面，吃進肚子裏會對身體不好，所以我們要先把水果洗乾淨才能吃。

你知道嗎？

　　清洗水果時，可以先浸泡，再用軟毛刷子刷淨，最後沖水。如果是草莓這些表面較粗糙的水果，可以放在流水下沖洗較長時間。

粵語 普通話

為什麼我們吃辣椒會覺得辣？

A
因為辣椒裏沒有水分。

B
因為辣椒是紅色的。

C
因為辣椒裏有辣椒素。

選一選，哪個小朋友答得對？　

　　辣椒裏有一種叫「辣椒素」的物質，它有很強的刺激性。當嘴唇和舌頭碰到辣椒素，口裏的神經會受到刺激，傳送灼熱的信號到大腦，讓我們感覺嘴巴又燙又痛，這就是辣的感覺。

你知道嗎？

　　如果吃到很辣的食物，我們可以喝牛奶、果汁或吃米飯來解辣，記得千萬別喝水，因為這反而會讓你感到更辣呢。

食物篇

為什麼蘋果削皮後會慢慢變成咖啡色？

A

蘋果的果肉與空氣接觸。

B

蘋果因為失去外皮而不開心。

C

蘋果變壞了。

選一選，哪個小朋友答得對？

答案 A

　　蘋果裏有一種酵素，當它接觸到空氣中的氧氣，就會產生變化，讓削了皮的蘋果變成咖啡色。雖然變了色的蘋果不太好看，但還是很有營養價值的。

你知道嗎？

　　蘋果的果皮上會出現一些白色的粉末，那是蘋果天然的果臘，用來保持蘋果新鮮、減少水分流失和避免微生物的侵害。

食物篇

粵語　普通話

為什麼我們要把吃不完的飯菜放進冰箱裏？

A 食物不會那麼快變壞。

B 食物不會變得很鹹。

C 冰箱會讓食物變得更美味。

選一選，哪個小朋友答得對？

答案A

　　煮熟了的食物由熱變涼後，在室內的温度下很容易產生細菌，讓食物變壞。細菌不喜歡很低的温度，因為這會減慢它們的生長速度，所以把吃不完的飯菜放進冰箱裏，可以保存食物長一點的時間。

你知道嗎？

　　把食物製成罐頭，也能延長食物的食用日期，這是因為罐頭經過高温加熱和密封，不會與空氣接觸，所以可以存放較長的時間。

食物篇

為什麼多吃橙對身體有好處？

A

吃橙能提升身體的免疫力。

B

吃橙能讓我們感到快樂。

C

吃橙能補充身體所需的水分。

選一選，哪個小朋友答得對？

Ⓐ Ⓑ Ⓒ

　　橙含有豐富的維生素 C，能夠提升身體的
免疫力。免疫系統變得強壯，身體就能打敗日
常入侵的病菌，減少生病。

你知道嗎？

　　很多蔬果也含有豐富的維生素 C，例如：木瓜、
番石榴、西蘭花、燈籠椒等。

食物篇

 粵 普
粵語 普通話

為什麼吃飯前不要吃零食？

A 會感到很飽，不想吃飯。

B 鹽份太重會影響味覺。

C 會讓媽媽生氣。

選一選，哪個小朋友答得對？  Ⓐ Ⓑ Ⓒ

答案 A

不少零食都沒有對身體好的營養，如果吃飯前吃了很多零食，胃部就會感到很飽，不想吃飯，這就讓身體無法吸收所需要的營養，有害生長和發育。

你知道嗎？

吃甜食會讓我們感到快樂，但因為食物中含有很多糖分，也會讓我們的體重增加，所以不能吃太多呢。

為什麼切洋蔥會讓人流眼淚？

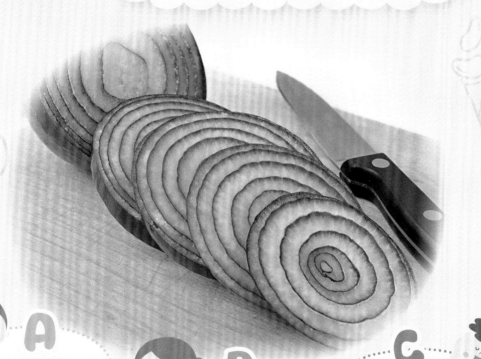

A

切洋蔥很辛苦。

B

切洋蔥的人不開心。

C

洋蔥有引起淚水的物質。

選一選，哪個小朋友答得對？

答案 C

　　當眼睛受到刺激，我們會自動眨眼睛，並分泌淚水把刺激眼睛的東西沖走。洋葱裏有刺激眼睛的物質，切開後會隨着空氣飄到眼睛去，所以我們就忍不住流眼淚了。

你知道嗎？

　　切洋葱前，我們可以先把洋葱放到冰箱裏冷凍，或放在水中浸泡，可以減少洋葱刺激的物質散發到空氣裏。

食物篇

為什麼我們不能把整隻雞蛋放進微波爐煮熟？

A

雞蛋會爆開，很危險。

B

微波爐不能煮熟雞蛋。

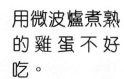

C

用微波爐煮熟的雞蛋不好吃。

選一選，哪個小朋友答得對？

答案 A

　　雞蛋裏含有水分，被微波爐加熱後會變成水蒸氣，但雞蛋的外殼將水蒸氣困住了，使雞蛋裏形成很大的壓力。水蒸氣越來越多，就會衝破蛋殼，令雞蛋在微波爐中爆開，造成危險。

你知道嗎？

　　把整隻雞蛋放進一杯水裏，如果雞蛋下沉到杯底，代表這隻雞蛋仍然新鮮；如果雞蛋浮上來，就代表雞蛋不太新鮮了。

食物篇

為什麼有些蔬菜在冬天吃會比較甜？

A
媽媽在炒菜時加了糖。

B
蔬菜裏產生了「葡萄糖」的物質。

C
寒冷會影響我們的味覺。

選一選，哪個小朋友答得對？

答案 B

　　有些蔬菜特別能夠抵抗寒冷的天氣，例如蘿蔔和生菜，這是因為它們會將內部一種名為「澱粉」的物質，轉變為「葡萄糖」，使植物內的水分不會結冰。由於葡萄糖是甜的，所以我們在冬天吃這些蔬菜會覺得特別甜。

你知道嗎？

　　白飯的主要成分是澱粉，經消化後也會轉化成葡萄糖，成為身體的能量。

食物篇

為什麼牛奶放久後會變酸？

A

因為不同溫度的牛奶有不同的味道。

B

因為牛奶變壞了。

C

因為牛奶會自動發酵，變成酸奶。

選一選，哪個小朋友答得對？　Ⓐ Ⓑ Ⓒ

牛奶放久了，細菌會不斷增加，讓牛奶變酸、發臭。變酸的牛奶其實已經變壞，喝了會拉肚子，所以不能再喝了。

此日期前最佳
8 / 8 / 2020

你知道嗎？

市面上的牛奶會經過巴士德消毒法，即是利用大約攝氏 72℃ 的高溫，把牛奶加熱 15 秒，以減少牛奶裏的細菌，讓我們可以安全飲用。

為什麼牛肉不用煮到熟透也可以吃？

A

牛肉裏完全沒有細菌。

B

半熟透的牛肉最美味。

C

牛肉裏較少出現寄生蟲。

選一選，哪個小朋友答得對？

答案 C

　　牛隻在飼養的過程中較少感染寄生蟲，即使帶有寄生蟲「牛帶條蟲」，對我們的健康也不會造成太大影響，所以牛肉不用煮成熟透也可以吃。

你知道嗎？

　　豬肉裏可能帶有寄生蟲「豬帶條蟲」，雞肉裏可能帶有沙門氏菌，人們吃了很容易生病，所以這些肉類一定要煮熟了才能吃。

為什麼菠蘿包裏沒有菠蘿？

A 菠蘿溶化在麵包裏，所以看不見。

B 它是指麵包的外形像菠蘿。

C 麵包師傅把菠蘿偷吃了。

選一選，哪個小朋友答得對？

菠蘿包是指有着像菠蘿表皮的麵包。菠蘿包的外層脆皮由砂糖、雞蛋、麵粉和豬油製作而成，經過烘焙後，凹凸的金黃色脆皮看起來就像菠蘿，所以稱為「菠蘿包」。

你知道嗎？

麵團能夠發脹成鬆軟的麵包，是因為酵母產生的氣體讓麵包膨脹起來。

粵 粵語

普 普通話

為什麼吃很多胡蘿蔔後皮膚會發黃？

A 胡蘿蔔很容易被身體消化。

B 身體吸收了太多胡蘿蔔素。

C 吃太多了，讓我們的外形變得像胡蘿蔔。

選一選，哪個小朋友答得對？　

答案 B

　　胡蘿蔔裏有豐富的胡蘿蔔素，當血液裏的胡蘿蔔素太多，就會讓皮膚變黃，在手掌、腳掌、鼻翼等部分特別明顯。只要減少進食胡蘿蔔，皮膚就會慢慢回復原本的顏色。

你知道嗎？

　　其他蔬果例如芒果、南瓜、木瓜等都含有胡蘿蔔素，不可以進食過量。

為什麼燈籠椒有不同的顏色？

A 燈籠椒有不同的品種。

B 燈籠椒的成熟程度不同，所以顏色不同。

C 農夫把燈籠椒塗上不同的顏色。

選一選，哪個小朋友答得對？

答案 B

　　燈籠椒常見有紅、黃、綠三種顏色，其實它們都屬於同一品種，只是成熟程度不同，綠色是未成熟的，其後會慢慢變成黃色，到完全成熟時就會變成紅色。

你知道嗎？

　　因為黃椒和紅椒較成熟，所以它們會比青椒甜，營養也比較豐富。

食物篇

粵語　普通話

為什麼杯麵只需要加入熱水就能吃？

A

杯麵裏的麵條已經烹煮過。

B

杯麵的容器能夠把麵條進一步加熱煮熟。

C

杯麵的麵條可以生吃。

選一選，哪個小朋友答得對？

　　杯麵裏的麵條已經烹煮過，並經過油炸及冷卻，以抽走麵條的水分，令麵內產生很多氣孔。食用時加入熱水，熱水會滲入這些氣孔，讓麵條變軟。

你知道嗎？

　　杯麵的麵條是波浪形的，這樣可以在小小的容器裏放入更多麵條，而且麵條之間有空隙，沖泡的時候就更容易吸收水分。

為什麼我們吃了番薯後容易放屁？

A

因為番薯看起來很像大便。

B

因為番薯幫助消化。

C

腸道的細菌在消化時容易產生氣體。

選一選，哪個小朋友答得對？

A　B　C

答案 C

　　番薯裏有一種成分叫「棉籽糖」，我們的身體無法消化吸收，但腸道裏的細菌卻可以分解它們，並產生氣體。當這些氣體排出身體外，我們就會放屁。

你知道嗎？

　　如果吃太多含有蛋白質的食物，例如牛奶、雞蛋、肉類等，放出來的屁就會比較臭呢。

生活篇

 粵語 普通話

為什麼鉛筆大多是六角形的？

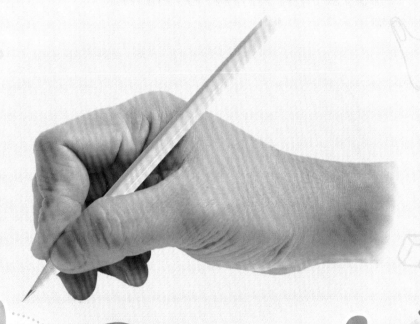

A 六角形的鉛筆不易折斷。

B 用六角形的鉛筆寫字會比較舒適。

C 因為六角形的鉛筆比較美麗。

選一選，哪個小朋友答得對？ Ⓐ Ⓑ Ⓒ

79

答案 B

　　握筆時，我們會用拇指、食指和中指三隻手指來握緊鉛筆，因此筆身是三的倍數能讓我們較好施力。六角形的鉛筆有六個面，我們寫字時會較舒適。而且，六角形的鉛筆放在桌上也不會隨意滾動，方便使用。

你知道嗎？

　　鉛筆裏其實沒有鉛，筆芯主要是用石墨製成的，以前人們以為石墨是鉛的一種，所以一直稱之為鉛筆。

 粵 普
粵語　普通話

為什麼橡皮擦能擦掉鉛筆字？

A 橡皮具有黏性，能把鉛筆粉末黏起來。

B 摩擦時會產生熱力，讓鉛筆字消失。

C 鉛筆字被吸進橡皮擦內。

選一選，哪個小朋友答得對？

答案 A

　　寫字時，鉛筆筆芯的粉末會進入紙張表面的縫隙裏。橡皮具有黏性，當橡皮擦在鉛筆字上摩擦，便會把粉末黏起來，裹在橡皮屑內，這樣鉛筆字便會消失了。

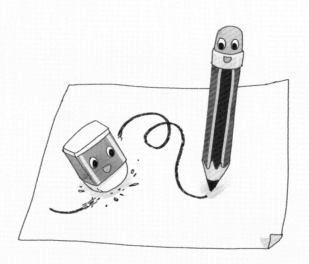

你知道嗎？

　　在橡皮擦發明之前，人們是用變硬了的麵包把鉛筆字擦掉的。

為什麼我們不可以用手碰插座？

A

手指可能會不小心卡在插座孔裏。

B

可能會觸電，很危險。

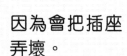

C

因為會把插座弄壞。

選一選，哪個小朋友答得對？

A B C

答案 B

　　插座是為電器提供電的地方，而電也能夠通過我們的身體，用手碰插座的話可能會觸電，十分危險，所以我們不可以亂碰插座。

你知道嗎？

　　有些物質特別容易讓電通過，例如金屬，所以電線是用銅這種金屬製成的。

為什麼氣球爆破時會發出很大的聲音？

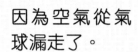**A**

因為空氣從氣球漏走了。

B

氣球覺得很痛，所以大叫。

**C**

球皮快速破裂和收縮，產生震動。

選一選，哪個小朋友答得對？ Ⓐ Ⓑ Ⓒ

答案 C

　　聲音是由震動產生的。氣球具有彈性，充氣後球皮表面被拉緊，有很大的張力。當氣球爆破的時候，球皮會快速破裂和收縮，產生震動，所以會發出很大的聲音。

你知道嗎？

　　有些氣球能在空中飄浮，因為裏面添加了氦氣，這種氣體比空氣還要輕，所以氣球能飄起來。

為什麼我們要用牙膏刷牙？

A 牙膏能防止我們擦傷牙齒。

B 牙膏能幫助去除污垢，防止蛀牙。

C 牙膏有黏性，能黏走食物殘渣。

選一選，哪個小朋友答得對？

答案 B

　　牙膏能增加牙刷與牙齒之間的摩擦效果，幫助去除牙齒上的污垢。牙膏裏亦含有氟化物，也有預防蛀牙的作用。

你知道嗎？

　　牙刷跟口腔的衛生有着密切的關係，用久了的牙刷底部可能會殘留一些牙膏和食物的碎屑，導致細菌滋生，影響健康，因此牙刷需要定期更換。

為什麼我們要減少使用膠袋？

A
因為製造膠袋的材料越來越少。

B
膠袋很貴，所以不能用太多。

C
膠袋很難分解，會污染環境。

選一選，哪個小朋友答得對？　Ⓐ Ⓑ Ⓒ

答案 C

　　膠袋用塑膠製成，塑膠是一種難以分解的物質，當膠袋被丟棄到堆填區後，需要 400 至 500 年才會消失。如果我們經常使用膠袋，會對環境造成破壞。

你知道嗎？

　　有些塑膠可以循環再造，例如飲料的膠樽、膠餐具、膠袋等，我們可以把它們放進回收箱或送到回收站。

粵語　普通話

為什麼空調會安裝在房間裏的上方？

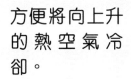

方便將向上升的熱空氣冷卻。

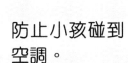

防止小孩碰到空調。

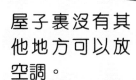

屋子裏沒有其他地方可以放空調。

選一選，哪個小朋友答得對？

答案 A

　　冷空氣會下沉，熱空氣會上升，把空調安裝在屋子上方，就能將升起來的熱空氣變冷，這樣不斷循環，屋子裏就會變得很涼快。

你知道嗎？

　　在香港，把空調調至攝氏 24 至 26℃，便能提供舒適的環境，同時節省能源。

粵語　普通話

為什麼會有影子？

 A

有生命的東西
便有影子。

B

因為影子是東
西的尾巴。

C

因為光被擋住了。

選一選，哪個小朋友答得對？　Ⓐ　Ⓑ　Ⓒ

　　影子會出現，是因為光被擋住了。光只會
直線前進，如果它遇到障礙物，無法穿過，就
會形成一個黑黑的東西，那就是影子了。

你知道嗎？

　　光照射在玻璃這種透明的東西時，大部分的光
能直接通過，但少部分光不能穿過，所以會留
下淡淡的影子。

 粵語
 普通話

閱讀時，眼睛跟書本應該保持多少距離？

A 10 至 20 厘米。

B 30 至 40 厘米。

C 70 至 80 厘米。

選一選，哪個小朋友答得對？

答案 B

近視的成因和閱讀時間的長短、閱讀的距離有密切關係，為了眼睛的健康，我們閱讀時應保持良好的姿勢，並和書本的距離最少維持三十厘米。

🔍 **你知道嗎？**

我們也可以多看綠色的東西來保持眼睛健康，這是因為綠色的光波波長較短，看綠色東西時，眼睛中的睫狀肌和水晶體都處於較放鬆的狀態，可以緩和眼睛疲勞。

粵語　普通話

為什麼我們能從滑梯上滑下來？

A

滑梯用滑溜溜的物料造成。

B

因為重力使我們向下滑。

C

滑梯上有看不見的運輸帶。

選一選，哪個小朋友答得對？

地球有重力，這是一種將所有物體往下拉的力量，就像我們跳起來後，一定會落在地上，便是重力的表現。滑梯是傾斜的，所以即使我們在滑梯上坐着不動，重力也會使我們向下滑。

你知道嗎？

飛機上亦設有充氣滑梯，但它是在遇上意外的時候逃生用的，當然沒有人希望去滑！

生活篇

為什麼升降機可以上升和下降？

A

機器拉動鋼纜，使升降機能上下移動。

B

升降機就像火箭一樣，由燃料推動。

C

升降機下方有能伸縮的梯子。

選一選，哪個小朋友答得對？　

99

答案 A

　　升降機有多條鋼纜，連接着井道頂部的機房，利用機房裏的機器拉動鋼纜，就能讓升降機上下移動。

你知道嗎？

　　如果被困在升降機裏，我們要保持冷靜，按下緊急警鐘，等待救援，不要嘗試自己拉開升降機門。

生活篇

為什麼紙張放久了會變黃？

A

因為紙張變老了。

B

紙張與空氣產生化學作用。

C

紙張染了黃色的顏料。

選一選，哪個小朋友答得對？

答案 B

　　紙是用樹木造成的，原本就是黃色的，人們在製造紙張時會將紙張漂白。當紙張放久了，與空氣長時間的接觸，會產生化學作用，變回原來的黃色。

你知道嗎？

　　紙是中國古代四大發明之一，差不多 2000 年前，蔡倫改良了造紙的方法，使紙張變得適合書寫，價錢也很便宜。

為什麼我們會使用金錢？

A

方便我們購買東西和服務。

B

讓我們可以收到利是。

C

爸爸媽媽可以給我們零用錢。

選一選，哪個小朋友答得對？　

答案 A

　　很久以前，人們是透過交換物品來取得自己需要的東西，但有時自己的物品並不是對方想要的，這樣就交換不了。後來，人們使用金錢，只要大家拿着錢，就能按照價格付錢，獲取東西或服務變得更方便。

你知道嗎？

　　隨着科技的發展，我們發明了很多付錢的工具，例如八達通、信用卡，甚至利用手機的付款程式也可以付錢呢。

為什麼泡泡大多是圓形的？

A 因為圓形的泡泡較輕，能在空中飄。

B 因為吹泡泡的器具是圓形的。

C 泡泡水表面的分子會互相拉近，形成圓形。

選一選，哪個小朋友答得對？

答案 C

　　水中有一羣水分子，當我們把空氣吹進泡泡水裏，泡泡水表面的分子會緊緊抓住其他同伴，圍着空氣。分子和分子越拉越近，讓表面盡量縮小，這種力量稱為「表面張力」，使泡泡都變成圓形。

你知道嗎？

　　泡泡越大，越不容易形成圓形，因為大的泡泡太重了，所以形狀會變得奇怪。

粵語　普通話

為什麼戴口罩能減少病毒傳播？

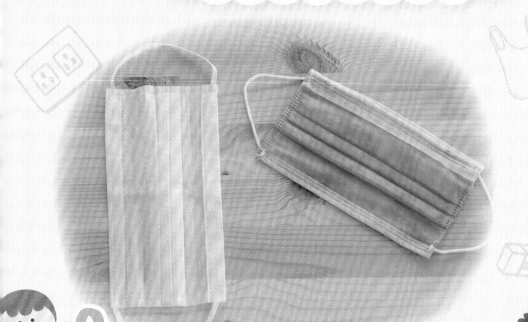

A

能阻隔帶有病毒的飛沫。

B

口罩能讓空氣變得更清新。

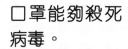

C

口罩能夠殺死病毒。

選一選，哪個小朋友答得對？

Ⓐ　Ⓑ　Ⓒ

答案 A

　　我們生病時，可能會咳嗽或打噴嚏，噴出帶有病毒的飛沫。口罩遮蓋我們的口和鼻，能阻隔大部分的病毒，減少在空中傳播，別人就不容易受到感染。

你知道嗎？

　　我們噴出的飛沫可以飛得很遠，科學家曾做實驗，發現小小的飛沫顆粒竟然可以飛至超過200 厘米呢。

生活篇

為什麼我們要用肥皂洗手？

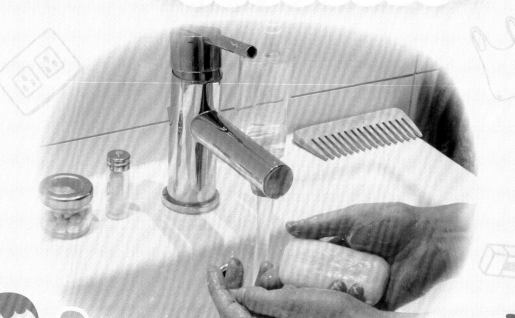

A 去除細菌和病毒，避免生病。

B 肥皂能讓雙手變香。

C 肥皂能在手上形成保護層。

選一選，哪個小朋友答得對？　

109

答案 A

在日常生活裏，我們的雙手可能會沾染到看不見的細菌和病毒，肥皂可以把它們從手上去除和殺死，讓它們隨着水流沖走。雙手保持乾淨，能夠預防傷風、感冒和腹瀉等疾病。

你知道嗎？

洗手後記得要擦乾雙手，因為濕漉漉的手較容易讓細菌生長。

交通篇

交通篇

為什麼輪胎上有凹凸不平的花紋？

A
增加和地面之間的摩擦力，比較安全。

B
有花紋的輪胎較漂亮。

C
輪胎有花紋，車子會跑得快一點。

選一選，哪個小朋友答得對？　

113

答案 A

　　就像我們穿的鞋子，鞋底的花紋能防止我們走路時滑倒，輪胎上的花紋也一樣，是為了增加和地面之間的摩擦力，這樣車子就不容易在路上打滑。此外，那些花紋也有排水的作用，讓車子能夠在雨天安全行駛。

你知道嗎？

　　有時候，賽車車輛會使用熱熔胎，胎面上沒有花紋，輪胎與地面摩擦時，溫度會上升，使輪胎處於半融化的凝膠狀態，從而抓緊地面。

粵語　普通話

為什麼輪船能浮在水面上？

A

輪船的設計使它能得到足夠的浮力。

B

輪船下面安裝了很多大水泡。

C

因為用了很輕的物料建造輪船。

選一選，哪個小朋友答得對？ Ⓐ Ⓑ Ⓒ

答案 A

　　輪船的底部很寬，浸在水中的體積很大，能夠推開的水量很多，加上船裏不是實心的，有很多空間，這使輪船能獲得足夠的浮力，所以能浮在水面。

你知道嗎？

　　「海上巨人號」是史上最大的船，它全長約458米，比橫躺的巴黎艾菲爾鐵塔還要長，但因為過於巨大，它無法通過水位較淺的航道。

粵語　普通話

為什麼消防車是紅色的？

A

因為火是紅色的。

B

消防員都喜歡紅色。

C

紅色的消防車更容易被看見。

選一選，哪個小朋友答得對？

答案 C

　　在各種顏色中，紅色能被看見的範圍最廣，在較遠的地方也看得到，其他司機很容易就注意到消防車，會讓消防車優先通過，以便它迅速前往滅火。

你知道嗎？

　　消防車上設有的鋼梯又稱為「雲梯」，香港消防車的雲梯高 53 米，大約能伸展至 18 層樓的高度。

交通篇

為什麼飛機能在天上飛？

A

飛機會像小鳥一樣拍動翅膀。

B

飛機上裝有消除地心吸力的儀器。

C

因為飛機上裝有發動機和機翼。

選一選，哪個小朋友答得對？

答案 C

飛機能在空中飛行，發動機和機翼功不可沒。發動機提供了飛行時向前的推力，而機翼就是飛

機的「翅膀」，它能改變空氣流動的方向，產生一種向上的升力，所以飛機能在天上飛。

你知道嗎？

在飛機上吃東西，總覺得食物不太好吃。這是因為在加壓的機艙裏，我們對甜和鹹的味覺會變得遲鈍，讓我們感覺食物的調味不足。

為什麼坐飛機的時候耳朵會痛？

A 因為空氣壓力突然改變。

B 飛機的引擎聲分貝太高了。

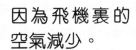

C 因為飛機裏的空氣減少。

選一選，哪個小朋友答得對？

121

答案 A

　　雖然我們平時感受不到空氣，但其實空氣裏有一股壓力，稱為「氣壓」，在越高的地方，氣壓會變得越小。當飛機起飛或下降的時候，高度突然改變，外在環境的氣壓產生很大變化，與我們耳朵裏的氣壓不同，造成耳朵痛。

你知道嗎？

　　如果坐飛機時感到耳朵痛，可以吞口水或打呵欠，這樣能加快平衡耳朵裏的壓力，減輕耳朵的不舒服。

交通篇

為什麼熱氣球能飛上天空？

A 熱氣球裏有很多小鳥，會把它拉上天空。

B 熱氣球裏的空氣變熱，產生浮力。

C 因為熱氣球裝上了像飛機上的引擎。

選一選，哪個小朋友答得對？

答案 B

　　熱氣球由球皮、燃燒器和籃子組成。燃燒器開啟後，會加熱球皮內的空氣，空氣膨脹起來，產生了浮力，熱氣球就能飛到天上去，隨風飛行。

你知道嗎？

　　熱氣球通常選擇在清晨或傍晚的時候升空，因為在這些時候，空氣的流動比較穩定，讓熱氣球能平穩地飛行。

交通篇

為什麼救護車的車頭文字是反過來的？

withGod/shutterstock.com

A

因為不小心寫反了。

B

方便其他司機從後視鏡看清楚文字。

C

反過來的文字更容易吸引途人的注意。

選一選，哪個小朋友答得對？

125

　　這些文字是鏡像字，如果我們拿一塊鏡子放在這些文字的旁邊，鏡子就能正確顯示文字。救護車頭上的文字運用了相同的原理，當前方的司機望向車子的後視鏡時，能清楚看見後方「救護車」的文字，就會讓救護車盡快通過。

你知道嗎？

　　當我們遇上意外，需要使用救護車服務的時候，我們可以用電話撥打「999」。

交通篇

為什麼計程車有不同的顏色？

e X p o s e/shutterstock.com

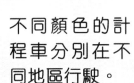

不同顏色的計程車分別在不同地區行駛。

計程車司機有自己喜歡的顏色。

代表不同的座位數量。

選一選，哪個小朋友答得對？　

答案 A

　　香港的計程車（的士）有三種顏色，分別在不同地區行駛。紅色計程車最常見，在香港大部分地方行駛；綠色計程車的數量第二多，在新界行駛；藍色計程車最少見，只會在大嶼山的區域行駛。

你知道嗎？

　　很久以前，香港計程車跟普通汽車沒有分別，有不同的顏色，但因為很多人用自己的車子充當計程車接載乘客，所以政府後來便規定計程車要用特定的顏色。

粵語 普通話

為什麼地鐵的班次很頻密，列車卻不會相撞？

A 地鐵設有列車控制及訊號系統。

B 因為列車都按照時間表行駛。

C 列車會等待上一班列車離開月台後才前進。

選一選，哪個小朋友答得對？

129

地鐵安裝了列車控制及訊號系統，可以透過電腦知道列車之間的距離，指示列車加快或減慢，所以地鐵的班次雖然很頻密，列車卻不會發生碰撞。

你知道嗎？

港鐵是香港最主要的交通工具之一，平均每日的乘客量可達 440 萬人次。

交通篇

為什麼火車要在路軌上行駛？

A
路軌能防止路面向下陷。

B
火車在路軌上行駛就不會翻倒。

C
火車司機不會認路，需要路軌提示方向。

選一選，哪個小朋友答得對？

答案 A

　　火車非常重，如果輪子直接在路上行駛，
會讓路面向下陷。此外，車輪貼着路軌，火車
便能順着路軌的方向行駛，使駕駛變得更方便，
可以飛快地前進。

🔍 **你知道嗎？**

　　火車路軌旁布滿了碎石頭，它們能夠分散火車
的重量，防止路軌下陷，也有排水、吸音和吸
震的功用。

粵語　普通話

為什麼城市裏要興建高速公路？

A

方便行人使用。

B

高速公路不會塞車。

C

能夠減少交通時間。

選一選，哪個小朋友答得對？

答案 C

　　高速公路只讓車子通過，沒有行人使用，所以車子在高速公路上行駛，速度會比在一般道路上快，這樣車子就能快速到達目的地，減少交通時間。

你知道嗎？

　　車速較高的道路一般時速是 70 至 80 公里。現時香港最寬鬆車速限制的道路是北大嶼山公路，車子行駛的速度限制為時速 110 公里。

交通篇

粵語　普通話

為什麼我們有時候坐車會暈車？

A

因為車子裏的空氣不流通。

B

因為身體的平衡系統出現了混亂。

C

因為嗅到汽油的氣味。

選一選，哪個小朋友答得對？

答案 B

　　我們的身體會透過眼睛、耳朵等感覺器官來維持平衡感。坐車時，因為速度改變、車子晃動等情況，各種感官傳送到大腦的訊息不一樣，身體的平衡系統就不能好好運作，於是產生頭暈、想嘔吐等暈車的症狀。

你知道嗎？

　　為了避免暈車，我們可以在坐車時閉上眼睛，減少大腦接收外來的訊息。

粵語　普通話

為什麼直升機能停駛在半空中？

A
直升機上有隱形的氣球。

B
直升機飛得很快，所以不會掉下來。

C
直升機頂上的翼片不斷轉動，產生升力。

選一選，哪個小朋友答得對？

答案 C

　　直升機不像飛機有一雙「翅膀」，但頂上卻有幾塊像吊扇的翼片。當翼片快速地轉動，會把空氣向下壓，使空氣產生一股巨大的升力，把直升機托起來，這樣它就可以停在半空中。

你知道嗎？

　　直升機的體形較小，而且可以垂直升降，並在空中停留，因此經常在撲滅山火、搜救行動中出動。

 粵語 普通話

為什麼電車頂上有一根長桿？

A
用作裝飾，沒特別用途。

B
連接架空電纜，取得電力。

C
防止電車被雷電擊中。

選一選，哪個小朋友答得對？

答案 B

　　電車是依靠電能推動的，而電需要從架空電纜取得。電車頂上的長桿稱為集電桿，它連接着架空電纜，能夠把電傳送至電車，這樣車輪就能轉動，在軌道上行駛。

你知道嗎？

　　在香港，電車又稱為「叮叮」，這是因為電車司機按響警鈴時，會發出叮叮聲而得名。

粵 粵語

普 普通話

為什麼單車跑起來不會倒？

A

單車上設有平衡裝置。

B

因為單車的車輪很闊，足夠平衡。

C

我們的大腦會提示身體維持單車的平衡。

選一選，哪個小朋友答得對？

答案 C

　　我們的身體懂得如何維持平衡，當單車向左邊倒，大腦就會提示我們控制把手，往右邊傾側；當單車向右邊倒，我們就會自然往左邊傾側，這樣不斷做調整，就能夠維持單車直立不倒。

你知道嗎？

　　單車不僅是交通工具，更是很受歡迎的一種運動，其中最著名的單車比賽是每年在法國舉辦的環法單車賽。

為什麼行人過路處旁邊會有路釘？

A

用來提示視障
人士過路。

B

讓司機看清楚行
人過路處的位
置。

C

沒有特別用途，
是用來裝飾的。

選一選，哪個小朋友答得對？

答案 B

　　行人過路處旁的路釘能夠反射光線，在晚上或雨天的時候，路釘能讓司機看清楚行人過路處的位置，確保道路安全。

你知道嗎？

　　香港法例規定，如果在 15 米範圍內有行人過路設施，例如斑馬線、天橋和隧道，我們必須使用這些設施來橫過馬路。

我問你答幼兒十萬個為什麼（衣食住行篇）

編　　者：新雅編輯室
繪　　圖：ruru lo Cheng
責任編輯：黃偲雅
美術設計：許鐕琳
出　　版：新雅文化事業有限公司
　　　　　香港英皇道499號北角工業大廈18樓
　　　　　電話：（852）2138 7998
　　　　　傳真：（852）2597 4003
　　　　　網址：http://www.sunya.com.hk
　　　　　電郵：marketing@sunya.com.hk
發　　行：香港聯合書刊物流有限公司
　　　　　香港荃灣德士古道220-248號荃灣工業中心16樓
　　　　　電話：（852）2150 2100
　　　　　傳真：（852）2407 3062
　　　　　電郵：info@suplogistics.com.hk
印　　刷：中華商務彩色印刷有限公司
　　　　　香港新界大埔汀麗路36號
版　　次：二〇二三年九月初版
　　　　　二〇二四年八月第二次印刷

ISBN: 978-962-08-8193-0
© 2023 Sun Ya Publications (HK) Ltd.
18/F, North Point Industrial Building, 499 King's Road, Hong Kong
Published in Hong Kong SAR, China
Printed in China

鳴謝：
本書部分相片來自 Pixabay (https://pixabay.com)
本書部分照片由 Shutterstock (www.shutterstock.com) 許可授權使用：
p.9, 13, 25, 27, 29, 35, 37, 39, 45, 51, 59, 73, 81, 83, 85, 91, 99, 103, 117, 121, 125, 127, 135, 143